上海市工程建设规范

城镇污水处理厂污泥干化焚烧处理工程建设标准

Construction standard of sludge drying and incineration engineering of municipal wastewater treatment plant

DG/TJ 08—2394—2022
J 16416—2022

主编单位：上海市政工程设计研究总院（集团）有限公司
批准部门：上海市住房和城乡建设管理委员会
施行日期：2022 年 7 月 1 日

同济大学出版社

2022　上海

图书在版编目(CIP)数据

城镇污水处理厂污泥干化焚烧处理工程建设标准/上海市政工程设计研究总院(集团)有限公司主编. —上海：同济大学出版社，2022.9

ISBN 978-7-5765-0330-2

Ⅰ.①城… Ⅱ.①上… Ⅲ.①城市污水处理－污水处理厂－污泥处理－技术标准－上海 Ⅳ.①X703-65

中国版本图书馆 CIP 数据核字(2022)第 148067 号

城镇污水处理厂污泥干化焚烧处理工程建设标准

上海市政工程设计研究总院(集团)有限公司 **主编**

责任编辑 朱 勇

责任校对 徐春莲

封面设计 陈益平

出版发行 同济大学出版社 www.tongjipress.com.cn

(地址:上海市四平路 1239 号 邮编：200092 电话:021－65985622)

经　　销 全国各地新华书店

印　　刷 浦江求真印务有限公司

开　　本 889mm×1194mm 1/32

印　　张 1.5

字　　数 40 000

版　　次 2022 年 9 月第 1 版

印　　次 2022 年 9 月第 1 次印刷

书　　号 ISBN 978-7-5765-0330-2

定　　价 15.00 元

上海市住房和城乡建设管理委员会文件

沪建标定〔2022〕129号

上海市住房和城乡建设管理委员会关于批准《城镇污水处理厂污泥干化焚烧处理工程建设标准》为上海市工程建设规范的通知

各有关单位：

由上海市政工程设计研究总院(集团)有限公司主编的《城镇污水处理厂污泥干化焚烧处理工程建设标准》，经我委审核，现批准为上海市工程建设规范，统一编号为 DG/TJ 08—2394—2022，自 2022 年 7 月 1 日起实施。

本标准由上海市住房和城乡建设管理委员会负责管理，上海市政工程设计研究总院(集团)有限公司负责解释。

上海市住房和城乡建设管理委员会

二〇二二年三月一日

前　言

根据上海市住房和城乡建设管理委员会《关于印发〈2019 年上海市工程建设规范、建筑标准设计编制计划〉的通知》(沪建标定〔2018〕753 号)要求，标准编制组在充分总结以往经验，结合新的发展形势和要求，参考有关国家、行业及本市相关标准规范和文献资料，并在广泛征求意见的基础上，编制了本标准。

本标准主要内容包括：总则；术语；建设规模与项目构成；选址与总图布置；工艺与装备；辅助系统；环境保护与劳动保护；建设用地与建筑面积；主要技术经济指标。

各单位及相关人员在执行本标准过程中，如有意见和建议，请反馈至上海市水务局(地址：上海市江苏路 389 号；邮编：200042；E-mail：kjfzc@swj.shanghai.gov.cn)，上海市政工程设计研究总院(集团)有限公司(地址：上海市中山北二路 901 号；邮编：200092；E-mail：huweijie@smedi.com)，上海市建筑建材业市场管理总站(地址：上海市小木桥路 683 号；邮编：200032；E-mail：shgcbz@163.com)，以便今后修订时参考。

主 编 单 位：上海市政工程设计研究总院(集团)有限公司

参 编 单 位：上海市城市排水有限公司

上海城投污水处理有限公司

主要起草人：胡维杰　邱凤翔　曹　晶　姚　杰　丁　敏

卢骏营　司马勤　生　骏　陈汝超　金则陈

王丽花　曹燕东　邹博源　季鸿先　杜兴治

潘　炜　林莉峰　张鹏飞　张冬凌

主要审查人:黄　瑾　陈晓平　陈德珍　汪喜生　朱南文
严　琳　高乃平　吴志超　魏海娟　陈奕峰
许　洲　申维真　胡　华　刘　勇　刘　猛

上海市建筑建材业市场管理总站

目　次

1　总　则 …………………………………………………… 1
2　术　语 …………………………………………………… 2
3　建设规模与项目构成 …………………………………… 3
　3.1　建设规模…………………………………………… 3
　3.2　项目构成…………………………………………… 4
4　选址与总图布置 ………………………………………… 5
5　工艺与装备 ……………………………………………… 7
6　辅助系统 ……………………………………………… 10
7　环境保护与劳动保护 ………………………………… 12
8　建设用地与建筑面积 ………………………………… 13
9　主要技术经济指标 …………………………………… 15
本标准用词说明 ………………………………………… 16
引用标准名录 …………………………………………… 17
条文说明 ………………………………………………… 19

Contents

1 General provisions ······ 1
2 Terms ······ 2
3 Construction scale and project items ······ 3
3.1 Construction scale ······ 3
3.2 Project items ······ 4
4 Site selection and general layout ······ 5
5 Process and equipment ······ 7
6 Pubic auxiliary system ······ 10
7 Environmental protection and labor protection ······ 12
8 Construction land and building area ······ 13
9 Main techno-economic indexes ······ 15
Explanation of words in this standard ······ 16
List of quoted standards ······ 17
Explanation of provisions ······ 19

1 总 则

1.0.1 为促进社会经济和环境保护的协调发展，实现城镇污水处理厂污泥的减量化、稳定化、无害化和资源化处理处置，保护环境，推动技术进步，充分发挥工程投资效益，加强对建设项目投资和建设的管理，提高城镇污水处理厂污泥干化焚烧处理工程的决策和建设水平，制定本标准。

1.0.2 本标准适用于城镇污水处理厂污泥干化焚烧处理工程。无干化处理设施的污泥单独焚烧处理工程可参照本标准执行。

1.0.3 城镇污水处理厂污泥干化焚烧处理工程的建设，应采用成熟可靠的技术、工艺和设备，做到经济合理、安全可靠、节能减排。

1.0.4 城镇污水处理厂污泥干化焚烧处理工程的建设规模，应根据国土空间规划和污水污泥处理处置专项规划，统筹考虑，近、远期结合。建设规模和厂址选择应进行技术经济论证和环境影响评价，综合比选确定。

1.0.5 城镇污水处理厂污泥干化焚烧处理工程的建设，应对污泥焚烧产生的余热加以有效利用，因地制宜考虑灰渣的综合利用。

1.0.6 城镇污水处理厂污泥干化焚烧处理工程的建设，应落实工程建设资金和土地、道路、供电、给排水、交通、通信、燃气、蒸汽等建设条件，并采取有效措施确保工程建成后能及时正常运行。

1.0.7 城镇污水处理厂污泥干化焚烧处理工程的建设，除应符合本标准外，尚应符合国家、行业和本市现行有关标准的规定。

2 术 语

2.0.1 污泥干化 sludge drying

通过渗滤或蒸发等作用,从脱水污泥中去除水分的过程。

2.0.2 污泥热干化 sludge heat drying

污泥脱水后,在外部加热的条件下,通过传热和传质过程,使污泥中水分随着相变化分离的过程。

2.0.3 污泥焚烧 sludge incineration

利用焚烧炉将污泥完全矿化为少量灰烬的过程。

2.0.4 污泥焚烧炉 sludge incinerator

利用高温氧化作用焚烧处理污泥的设备。

2.0.5 余热利用系统 waste heat utilization system

利用污泥焚烧释放的热能,将水或其他工质加热到一定温度和压力并降低焚烧烟气温度的各种设施组成的系统。

2.0.6 烟气净化系统 flue gas cleaning system

对烟气进行净化处理去除各种污染物所采取的各种处理设施组成的系统。

2.0.7 炉渣 cinder

从焚烧炉底部收集的燃烧残余物。

2.0.8 飞灰 fly ash

在燃烧过程中,被气流夹带存在于出炉的烟气中,通过余热锅炉或烟气除尘设备(如旋风除尘器、静电除尘器或袋式除尘器)被分离的固体颗粒。

2.0.9 除臭系统 odor control system

将臭气从源头收集、处理到末端排放的设施,包括臭气源加盖、臭气收集、臭气处理和处理后排放等。

3 建设规模与项目构成

3.1 建设规模

3.1.1 城镇污水处理厂污泥干化焚烧处理工程的主体是污泥干化焚烧厂(以下简称“干化焚烧厂”)。干化焚烧厂的建设,应根据城镇的规模与特点、经济发展水平,合理确定建设规模和建设数量。干化焚烧厂的建设规模及建设数量应满足国土空间规划和污水污泥处理处置专项规划的要求。

3.1.2 干化焚烧厂的建设规模应根据干化焚烧厂服务范围内的污水处理水量、污泥产量、种类、成分特点、排水体制、季节变化对污泥产生量的影响等因素综合确定,干化焚烧厂建设规模的分类与焚烧线数量宜符合表 3.1.2 的规定。

表 3.1.2 干化焚烧厂建设规模的分类与焚烧线数量

类型	处理规模(t/d)	焚烧线数量(条)
Ⅰ类	2 000 以上	≥4
Ⅱ类	1 000～2 000	3～5
Ⅲ类	500～1 000	2～4
Ⅳ类	500 以下	1～2

注:1 表中的污泥量以含水率 80%计;本标准中如未作特别说明,则污泥量均以含水率 80%计。
2 处理规模含下限值,不含上限值。
3 对于分期建设的项目,应按照项目批准的处理规模来界定干化焚烧厂建设规模的类型。
4 污水处理厂污泥处理规模应按污水处理厂日均产生污泥量的 1.2 倍确定。

3.1.3 干化焚烧厂应根据处理规模合理确定焚烧线的数量和单条焚烧线的处理能力，并应根据服务范围内污泥产量的变化趋势、污水污泥处理处置专项规划、资金计划等因素考虑是否分期建设。

3.1.4 干化焚烧厂的焚烧线数量和处理能力，应满足设施检修维护时污泥干化焚烧处理的要求。

3.2 项目构成

3.2.1 干化焚烧厂建设项目应由干化焚烧厂主体工程、辅助系统、生产管理与生活服务设施构成。

3.2.2 干化焚烧厂主体工程应主要包括：

1 污泥接收与储运系统：包括计量、卸料、储存、输送等设施。

2 污泥干化系统：包括干化机、载气处理、干化污泥输送等设施。

3 污泥焚烧系统：包括给料、焚烧炉、空气预热器、助燃风机、启动燃烧器及辅助燃烧器等设施。

4 余热利用系统：包括余热锅炉、锅炉给水泵、除氧器、软水制备及其储存等设施。

5 烟气净化系统：包括气态污染物、颗粒物、重金属及残余有机物的去除及排放等设施。

6 灰渣收集处理和储运系统：包括灰渣的收集、输送与储存系统。

7 电气系统。

8 仪表与自动化控制系统。

3.2.3 辅助系统应主要包括总图运输、辅助燃料（燃油、燃气等）、应急备用电源、蒸汽、给排水、污废水收集与处理、消防、通信、暖通空调、除臭系统、机械维修、监测化验与车辆冲洗等设施。

3.2.4 生产管理与生活服务设施应主要包括办公用房、食堂、浴室、卫生间、更衣室、值班宿舍、公众监督与环保教育用房等设施。

4　选址与总图布置

4.0.1　干化焚烧厂的厂址选择应符合国土空间规划、污泥处理处置专项规划，并应符合环保要求。

4.0.2　干化焚烧厂厂址宜选择在污水处理厂内或附近区域，并应综合考虑污泥处理服务对象的位置、运输距离、规划发展空间等因素。

4.0.3　干化焚烧厂的厂址条件应符合下列要求：

1　满足工程建设的工程地质条件和水文地质条件。

2　符合现行国家标准《防洪标准》GB 50201 的有关规定。

3　有良好的外部道路交通条件。

4　有满足生产、生活的供水水源和污废水排放条件。

5　有必需的、可靠的电力供应。

6　厂址选择时，明确与环境敏感目标的防护距离。

4.0.4　干化焚烧厂应以干化焚烧厂房为中心进行布置，各项设施应按污泥干化焚烧处理流程作合理布置，减少污泥输送环节、输送距离和提升高度，确保污泥输送设备稳定运行。主要生产设施与辅助生产设施应综合考虑安全、使用功能、风向、地形等因素，宜采取相对集中的布置方式。生产区应与管理区分开布置。

4.0.5　干化焚烧厂内的道路应根据干化焚烧厂的规模、运输要求、管线布置要求和道路设计规范等合理确定。干化焚烧厂房四周宜设环形道路。道路的荷载等级应根据交通运输情况确定。厂区的车流路线与人流路线宜分开设置。

4.0.6　干化焚烧厂绿化布置应满足总体规划要求，合理安排绿化用地，绿化率应符合规划及现行有关标准的规定。

4.0.7 干化焚烧厂的给水及雨、污水系统应符合规划和现行有关标准的规定。

4.0.8 干化焚烧厂的海绵城市建设内容应符合现行有关规定。

5 工艺与装备

5.0.1 干化焚烧厂工艺与装备的选择，应根据干化焚烧厂的建设规模、污泥特性、技术与经济发展水平等条件合理确定，应采用成熟的技术，满足提高机械化和自动化水平、保证安全并改善环境卫生和劳动条件、提高劳动生产率的要求，应有利于污泥的稳定焚烧、避免环境二次污染、符合节能减排要求。

5.0.2 干化焚烧厂每条焚烧线的年运行时间应在 7 200 h 以上。

5.0.3 干化焚烧厂污泥接收与储运系统应符合下列要求：

1 对于接收外来污泥的干化焚烧厂，应设置污泥进厂计量设施，并应根据全厂的污泥处理规模及运输车的规格等合理确定计量设施的数量和规格。

2 污泥接收场地及卸料位数量应满足污泥运输车辆顺畅作业的要求。

3 进入干化焚烧厂的污泥应储存于污泥接收坑或污泥料仓内。

4 污泥输送设备应根据污泥特性、污泥量、输送位置、输送距离等合理选择。

5.0.4 干化焚烧厂干化系统应符合下列要求：

1 污泥干化机的类型应根据污泥特性、干化要求、干化机蒸发能力、投资、运行成本等因素合理确定。

2 污泥干化设备的设计使用年限应不低于 15 年。

3 污泥干化机内部的氧气含量应根据工艺要求进行控制，并设置安全报警装置与相应的安全防护装置。

4 污泥干化机应防止臭气外泄。

5 干化机应配置尾气处理设施，并应达标排放；焚烧系统正常运行时，干化尾气中的不凝性气体应送入焚烧炉中进行处理。

5.0.5 干化焚烧厂污泥焚烧系统应符合下列要求：

1 污泥焚烧炉应选用技术先进、成熟可靠的炉型，宜优先采用鼓泡流化床。

2 污泥焚烧炉的设计使用年限应不低于15年。

3 污泥焚烧炉应具有应对70%～110%热负荷波动的能力，以适应服务期限内污泥处理量及其特性变化的要求。

4 焚烧炉污泥进料仓应有适宜的储存容量。

5 焚烧炉进料系统应能根据燃烧要求向炉内供应污泥，并可计量和调节供应量。

6 焚烧炉启动及辅助燃烧设施的能力应能满足焚烧炉启动、助燃的要求。

7 焚烧炉内烟气温度应≥850 ℃，烟气停留时间应≥2 s，炉渣热灼减率应≤5%。

5.0.6 干化焚烧厂余热利用系统应符合下列要求：

1 余热利用方式应根据工程规模、污泥特性等情况，经技术经济比较确定。

2 应充分利用污泥焚烧热量对污泥进行干化。

5.0.7 干化焚烧厂必须设置烟气净化系统，烟气净化系统应符合下列要求：

1 净化后排放的烟气应符合国家、行业和本市现行有关标准的要求。

2 应对烟气中不同的污染物采用相应的治理措施；应充分考虑污泥特性和焚烧后产生的各种污染物的物理、化学性质的变化。

3 烟气中氯化氢、硫氧化物和氟化氢等酸性气态污染物应选用适宜的处理工艺以对其进行去除，宜用碱性药剂进行中和反应。

4 烟气除尘设备的类型应根据烟气特性、除尘要求、设备适用范围及其效率进行选择，须设置袋式除尘器，同时应充分注意滤袋材质的选择。

5 应采取相应措施，严格控制烟气净化系统中的残余有机物和重金属对环境的污染。

6 应采用控制燃烧的方式抑制燃烧过程中氮氧化物的生成。

7 应采用控制燃烧的方式抑制二噁英类污染物的生成。

8 烟气净化系统应与焚烧系统同步运行。

5.0.8 污泥焚烧产生的炉渣与飞灰必须进行妥善处理处置。飞灰的收集、输送、储存、外运应保持密闭状态。炉渣与飞灰的处置及利用方式应根据炉渣与飞灰的产量、特性、自然条件、运输条件等，经技术经济比较确定。

5.0.9 干化焚烧厂电气系统应保证污泥干化焚烧处理系统的安全运行及便利操作，应设置应急备用电源。

5.0.10 干化焚烧厂应有较高的自动化控制水平，并应根据工艺装备情况，按适用、可靠的原则，选择合理的仪表及自动化控制系统。

5.0.11 对易侵蚀部位应采取防腐设计，焚烧炉、余热锅炉等高温设备和蒸汽输送管道、烟气管道等高温部件应设置保温绝热层。

6　辅助系统

6.0.1　干化焚烧厂的辅助系统应与主体工程相适应。新建干化焚烧厂的配套设施，应充分利用专业化协作条件，合理确定辅助系统；改、扩建工程应充分利用原有的设施。

6.0.2　干化焚烧厂应有可靠的供水水源和完善的供水设施，并鼓励利用再生水。生活用水、锅炉用水及其他生产用水水质应符合国家、行业和本市现行有关标准的规定。

6.0.3　干化焚烧厂厂区排水应采用雨污分流制。污废水处理优先考虑利用已建成的污废水处理设施；当无污废水处理设施时，应建设污废水处理设施。

6.0.4　干化焚烧厂消防设施的设置应符合现行国家标准《建筑设计防火规范》GB 50016 和《消防给水及消火栓系统技术规范》GB 50974 等规范的要求。

6.0.5　干化焚烧厂通信设施的设置应保证生产车间内的通信联系和对外通信的要求。

6.0.6　干化焚烧厂干化和焚烧车间及其附属建筑物宜以自然通风为主。中央控制室、变配电室、分析化验室等应设置通风装置；当通风装置不能满足工艺及卫生要求时，应设置空气调节装置。分析化验室的建设应符合国家及地方现行有关标准的规定。

6.0.7　干化焚烧厂应配备除臭设施，臭气宜抽送至焚烧炉中焚烧处理。

6.0.8　干化焚烧厂应设置分析化验和环保监测设施，宜配备有毒有害气体、污废水、烟气、灰渣等常规指标的监测和分析仪器设备。

6.0.9 干化焚烧厂应配备物料仓库，用于药剂、石英砂、灰渣等物料的储存；对危化品的管理和使用应符合国家、行业和本市现行有关标准的规定。

6.0.10 干化焚烧厂应设置应急备用电源，用于失电时的应急处置。

7 环境保护与劳动保护

7.0.1 干化焚烧厂的环境保护应符合下列要求：

1 烟气污染物排放浓度应符合现行国家标准《生活垃圾焚烧污染控制标准》GB 18485 和现行上海市地方标准《生活垃圾焚烧大气污染物排放标准》DB 31/768 的要求。

2 焚烧炉渣、预除尘捕集的飞灰按一般固体废物处理；袋式除尘器收集的飞灰需进行危险废物鉴别，如属危险废物，则须满足危险废物管理要求。

3 恶臭污染物排放应同时满足现行国家标准《恶臭污染物排放标准》GB 14554、现行上海市地方标准《恶臭(异味)污染物排放标准》DB 31/1025 和《城镇污水处理厂大气污染物排放标准》DB 31/982 的要求。

4 噪声控制限值应满足现行国家标准《工业企业厂界环境噪声排放标准》GB 12348 的要求。

7.0.2 干化焚烧厂的安全卫生措施应满足现行国家标准《工业企业设计卫生标准》GBZ 1 和《生产过程安全卫生要求总则》GB/T 12801 的要求。

7.0.3 干化焚烧厂应做好卫生防疫工作。

7.0.4 干化焚烧厂内的起重设备、压力容器、安全阀等特种设备必须检验合格，取得安全使用证；运行期间应按国家相关规定进行定期检验。

7.0.5 干化焚烧厂内的工业管道应设立醒目的标牌和标志，并满足现行国家标准《工业管道的基本识别色、识别符号和安全标识》GB 7231 的要求。

7.0.6 干化焚烧厂生产过程涉及的危化品、易燃易爆物品应符合国家、行业和本市现行有关标准的规定。

8 建设用地与建筑面积

8.0.1 干化焚烧厂的建设用地与建筑面积应贯彻安全实用、经济合理、因地制宜的原则，根据干化焚烧厂规模、建筑物用途、建筑场地条件等因素进行确定。干化焚烧厂总平面布置及建筑造型应与周围环境相协调，并适应城市发展的需要。

8.0.2 干化焚烧厂的建设用地，应遵循科学合理、节约用地的原则，满足生产、生活的需求，并留有发展的余地。干化焚烧厂的建设用地指标宜按表8.0.2执行。

表8.0.2 干化焚烧厂建设用地指标

类型	用地指标(m^2)
Ⅰ类	90 000以上
Ⅱ类	60 000～90 000
Ⅲ类	40 000～60 000
Ⅳ类	30 000～40 000

注：1 对于大于2 000 t/d的干化焚烧处理工程项目，其超出部分建设用地面积按每平方米30 t/d递增计算。
2 不同建设规模的干化焚烧厂的建设用地指标可按内插法确定。
3 干化焚烧厂建设用地指标与建设内容密切相关，总的建设用地可根据建设内容进行适当调整。
4 随着烟气排放标准的提高，宜预留一定面积的用地以满足日后烟气排放标准提高所需用地的要求。

8.0.3 干化焚烧厂的生产管理与生活服务设施建筑在满足使用功能和安全的条件下，宜集中布置。干化焚烧厂的生产管理与生活服务设施建筑面积指标宜按表8.0.3执行。

表 8.0.3 干化焚烧厂生产管理与生活服务设施建筑面积指标

类型	生产管理与生活服务设施建筑面积(m^2)
Ⅰ类	2 500～3 500
Ⅱ类	2 000～3 000
Ⅲ类	1 500～2 500
Ⅳ类	1 000～2 000

注:1 对于大于 2 000 t/d 的干化焚烧处理工程项目,应根据生产线数量及人员配置适当增加建筑面积。

2 生产管理用房包括厂区中央控制室、办公用房、化验室、值班室、传达室、会议室等。

3 生活服务设施用房包括食堂、浴室、卫生间、更衣室、值班宿舍、公众监督与环保教育用房等。

4 与污水处理厂合建的干化焚烧厂,应适当减少建筑面积。

9 主要技术经济指标

9.0.1 干化焚烧厂的工程投资应按国家现行有关规定编制。

9.0.2 工程投资应由系统复杂程度、设备国产化率、污染物控制标准、材料价格等因素决定。

9.0.3 干化焚烧厂建设工期可按表9.0.3所列指标控制。

表9.0.3 干化焚烧厂建设工期

类型	建设工期(月)
Ⅰ类	30～36
Ⅱ类	26～34
Ⅲ类	20～28
Ⅳ类	18～24

注:建设工期一般指建设项目中构成固定资产的单项工程、单位工程从正式破土动工到按设计文件全部建成使用所需的全部时间,不包括非正常停工的时间。

本标准用词说明

1 为便于在执行本标准条文时区别对待，对要求严格程度不同的用词，说明如下：

1） 表示很严格，非这样做不可的用词；
正面词采用“必须”；
反面词采用“严禁”。

2） 表示严格，在正常情况均应这样做的用词：
正面词采用“应”；
反面词采用“不应”或“不得”。

3） 表示允许稍有选择，在条件许可时首先应这样做的用词：
正面词采用“宜”；
反面词采用“不宜”。

4） 表示有选择，在一定条件下可以这样做的用词，采用“可”。

2 条文中指定应按其他有关标准执行的写法为“应符合……的规定(要求)”或“应按……执行”。

引用标准名录

1 《生活垃圾焚烧污染控制标准》GB 18485
2 《恶臭污染物排放标准》GB 14554
3 《工业企业厂界环境噪声排放标准》GB 12348
4 《防洪标准》GB 50201
5 《建筑设计防火规范》GB 50016
6 《消防给水及消火栓系统技术规范》GB 50974
7 《工业企业设计卫生标准》GBZ 1
8 《工业管道的基本识别色、识别符号和安全标识》GB 7231
9 《生产过程安全卫生要求总则》GB/T 12801
10 《生活垃圾焚烧大气污染物排放标准》DB 31/768
11 《城镇污水处理厂大气污染物排放标准》DB 31/982
12 《恶臭(异味)污染物排放标准》DB 31/1025

上海市工程建设规范

城镇污水处理厂污泥干化焚烧处理工程建设标准

DG/TJ 08—2394—2022
J 16416—2022

条 文 说 明

2022　上海

目　次

1　总　则 ………………………………………………………… 23
2　术　语 ………………………………………………………… 25
3　建设规模与项目构成 …………………………………………… 26
　3.1　建设规模 …………………………………………………… 26
　3.2　项目构成 …………………………………………………… 28
4　选址与总图布置 ………………………………………………… 29
5　工艺与装备 ……………………………………………………… 31
6　辅助系统 ………………………………………………………… 33
7　环境保护与劳动保护 …………………………………………… 35
8　建设用地与建筑面积 …………………………………………… 36
9　主要技术经济指标 ……………………………………………… 39

Contents

1 General provisions ·· 23

2 Terms ·· 25

3 Construction scale and project items ······················ 26

3.1 Construction scale ······································· 26

3.2 Project items ·· 28

4 Site selection and general layout ·························· 29

5 Process and equipment ····································· 31

6 Pubic auxiliary system ····································· 33

7 Environmental protection and labor protection ············ 35

8 Construction land and building area ······················· 36

9 Main techno-economic indexes ···························· 39

1 总 则

1.0.1 城镇污水处理厂污泥干化焚烧处理工程直接关系人民生活与环境保护。本标准是在国家有关法律、法规以及相关政策的指导下，总结我国城镇污水处理厂污泥干化焚烧处理工程建设经验以及今后污泥干化焚烧处理工程项目建设发展需要而编制的。本标准编制目的在于推动技术进步、提高工程投资效益与社会效益，为项目的决策等建设前期工作提供所遵循的原则，为项目建设实施提供监督检查的尺度，为项目决策和建设管理提供科学依据。

1.0.2 本标准主要适用于新建的城镇污水处理厂污泥干化焚烧处理工程。改、扩建工程虽然受到既有条件的限制，但技术装备水平、环境保护、主要技术经济指标等应符合本标准的规定。无干化处理设施的污泥单独焚烧处理工程可参照本标准执行。

1.0.3 本条是工程建设水平的依据。污泥干化焚烧处理工程建设需要适合我国国情，以当地的技术经济水平为基础，并考虑今后城市发展与科学技术发展的需要。不同建设水平的工程都应当做到：采用成熟的、安全可靠的技术；投资水平适应当地的经济条件；工程建设应致力节能减排。

1.0.4 污泥干化焚烧处理工程是城镇发展的重要市政基础设施，要统筹规划，既要满足城镇近期需要，又要考虑远期发展的经济合理性，要近、远期结合并为将来发展留有余地。污泥干化焚烧处理工程的建设需要从发挥效益出发，依据国土空间规划和污水污泥处理处置专项规划，综合环境评价、地质灾害与水资源评估、污泥处理处置现状以及筹资能力等，经多方案比选与技术经济论证，确定工程建设规模及其投资。

1.0.5 为避免热污染，提高污泥干化焚烧处理工程的综合经济效益，实现减污降碳，增强自身发展能力，并降低运行费用，要重视焚烧余热及灰渣等的资源化利用。

1.0.6 本条是对污泥干化焚烧处理工程建设条件的规定。为保证工程顺利实施，要做到工程建设资金落实，土地、供电、能源供应、给排水、交通和通信等设施条件落实。

1.0.7 本标准系从加强污泥干化焚烧处理工程建设的宏观管理、工程建设水平及投资效益等主要方面作出必要的规定，而未对工程所有方面作出规定。在工程建设过程中，需要同时符合国家、行业和本市现行相关规范和标准。其中，城镇污水处理厂污泥干化焚烧工程的设计应符合现行上海市工程建设规范《城镇污水处理厂污泥干化焚烧工程设计规程》DG/TJ 08—2230 的规定；污泥干化焚烧工程的施工应符合现行国家标准《城镇污水处理厂工程施工规范》GB 51221 的规定；污泥干化焚烧工程的质量验收应符合现行国家标准《城镇污水处理厂工程质量验收规范》GB 50334 的规定；污泥干化焚烧工程采用的各类通用设备的安装与质量验收应符合现行国家标准《机械设备安装工程施工及验收通用规范》GB 50231 的规定等。

2 术　语

本标准常用术语参照了已经颁布的相关规范、标准中的定义，补充了专业性较强的技术术语。

3 建设规模与项目构成

3.1 建设规模

3.1.1 本条是关于城镇污水处理厂污泥干化焚烧处理工程建设规模的规定。干化焚烧厂的建设规模与城镇污水处理厂的污泥产量有关。对于特大型及大型城市，污泥产量很高，可分期建设干化焚烧处理工程。对于中、小城镇分布密集的地区，人口也比较密集，每个城镇的污泥产量不高，分散建设各自的干化焚烧厂会增加建设投资，以进行区域性规划和建设为好。

3.1.2 本条根据我国城镇污水处理厂污泥干化焚烧厂建设的实际情况制定。污泥产生量会受到多种因素的影响而发生变化，主要影响污泥产生量的因素有：

1 不同的排水体制以及管网运行维护程度造成污水处理厂进水量、水质的差异。

2 不同的污水处理工艺使污泥产生量发生差异。

3 季节交替等因素造成的水温波动从而影响污泥产生量。

4 雨季时污水污泥增量。处理截流雨水的污水系统，其污泥处理处置设施的规模应考虑截流雨水的水量、水质，至少在旱流污水量对应的污泥量上增加20%。

干化焚烧厂按污泥日处理干化焚烧规模划分为四类，目前国内部分城镇污水处理厂污泥干化焚烧建设规模与焚烧线数量如表1所示。

表 1　国内部分污泥干化焚烧厂建设规模与焚烧线数量调查表

类型	日处理规模(t/d)	焚烧线数量(条)	说明
Ⅰ类	2 000 以上	≥4	白龙港污泥处理二期工程:2 430 t/d,6 条线;香港 T-PARK:2 000 t/d(以含水率 70%计),4 条线
Ⅱ类	1 000～2 000	3～5	—
Ⅲ类	500～1 000	2～4	浦东新区污水厂污泥处理处置工程:800 t/d,2 条线;深圳上洋污泥干化焚烧工程:800 t/d,2 条线;竹园污泥干化焚烧工程:750 t/d,2 条线;石洞口污泥处理二期工程:640 t/d,3 条线
Ⅳ类	500 以下	1～2	成都第一污水厂污泥处理工程(一期):400 t/d,2 条线;北京顺义污泥处置工程:400 t/d,1 条线;石洞口污泥处理完善工程新建线:250 t/d,2 条线;温州污泥干化焚烧项目 240 t/d,2 条线;成都第一污水厂污泥处理工程(二期):200 t/d,1 条线;石洞口污泥处理完善工程现有线:110 t/d,1 条线

注:建设Ⅳ类规模的干化焚烧厂,如污泥没有稳定出路,宜一次性建设 2 条焚烧线,以应对 1 条污泥干化焚烧设施处于检修状态下污泥出路问题。

3.1.3　干化焚烧厂建设规模应根据服务范围内污泥产量的变化趋势、污水污泥处理处置专项规划、资金计划等因素考虑分期建设,以应对近远期污泥产量的变化,并做好分期投资计划。

3.1.4　污水处理每天都会产生污泥,而不同的污泥处理处置设施有不同的运行和维护保养周期,如单套污泥焚烧系统的设计年运行时间一般为 7 200 h,因此必须通过放大设计能力以保证设施检修维护时的污泥处理和处置要求。此外,在特殊工况条件下污泥产生量会超出原有规模,因此污泥干化焚烧厂的处理能力应满足设施检修维护时的污泥干化焚烧处理的要求。

3.2 项目构成

3.2.1 为避免漏建或多列工程项目内容致使干化焚烧厂无法运行或造成浪费,本条明确规定了干化焚烧厂建设项目的构成。干化焚烧厂辅助生产设施和生产管理与生活服务设施一般包括的内容是根据目前干化焚烧厂实际状况及今后的发展方向提出的。干化焚烧厂的内容包括:

1 干化焚烧主体工程。

2 辅助系统。

3 生产管理与生活服务设施。

3.2.2 本条规定干化焚烧厂主体工程的主要内容。对于无干化设施的污泥焚烧厂,其不含污泥干化系统。

3.2.3 本条规定辅助系统的主要内容。

3.2.4 生产管理与生活服务设施建议建设“公众监督与环保教育用房”,主要是从环境友好、和谐社会角度出发并借鉴国外公众参与的经验提出的。污泥干化焚烧处理工程是防治城镇污泥污染、保护环境的市政基础设施,项目建设“公众监督与环保教育用房”加强了公众参与,使公众了解污泥干化焚烧处理的减量化、稳定化、无害化和资源化处理过程,有利于创建环境友好、和谐社会。

4 选址与总图布置

4.0.1 本条规定了干化焚烧厂址选择的总体原则。干化焚烧厂工程建设宜根据需求提前开展环境影响评价。

4.0.2 干化焚烧厂的选址宜在污水处理厂内或靠近污水处理厂，便于污水处理厂产生的污泥到干化焚烧厂的运输和干化焚烧厂产生的污废水到污水处理厂的处理。

4.0.3 干化焚烧厂厂址选择是干化焚烧厂建设的重要组成部分，具有很强的政策性与技术性，应符合国土空间规划及污水污泥处理处置专项规划等有关方面的要求。干化焚烧厂的选址与众多因素有关，包括工程地质条件、水文地质条件、交通运输、供电、热能供应、给排水等因素。厂址标高应满足高于重现期为50～100年一遇的洪水位的条件。当不能满足上述条件而又必须选择该厂址时，厂区应有建设排洪沟、挡水堤坝等可靠防洪、排涝设施的条件。

4.0.4 本条是干化焚烧厂总图布置的原则。干化焚烧厂总图布置要满足污泥干化焚烧处理、污染控制等的要求。

4.0.5 干化焚烧厂内的道路除满足干化焚烧厂正常运行所需的一般要求外，还应满足国家现行有关标准的要求。厂区道路需要满足消防要求。

4.0.6 本条是对污泥干化焚烧厂绿化的规定。《城市生活垃圾处理和给水与污水处理工程项目建设用地指标》第三十二条中规定："工程项目绿地率应为20％～30％；当工程项目地处绿化隔离带区域时，绿地率指标可取下限。"

4.0.7 污泥干化焚烧厂雨、污水系统应符合《上海市排水与污水处理条例》的有关规定。

4.0.8 干化焚烧厂海绵城市设计建设内容应符合《海绵城市建设技术标准》DG/TJ 08—2298、《上海市水务设施(厂/站)海绵城市建设技术导则(试行)》SSH/Z 10016、《海绵城市建设技术标准图集》DBJT 08—128 等的规定。

5 工艺与装备

5.0.1 本条是确定干化焚烧厂工艺与装备水平的原则。根据我国目前国情及科学技术发展水平，干化焚烧厂的建设要保证安全，改善环境卫生和劳动条件，提高劳动生产率。

5.0.2 本条是对干化焚烧厂年运行时间的规定。

5.0.3 本条规定了干化焚烧厂污泥接收和储运系统的基本要求。

5.0.4 本条规定了干化焚烧厂污泥干化系统的基本要求。

5.0.5 本条规定了干化焚烧厂焚烧系统的基本要求。

5.0.6 本条是干化焚烧厂对余热利用系统的基本要求。余热利用是污泥干化焚烧处理资源化的具体体现，充分利用污泥自身的热量提供污泥干化所需热量，可降低工程对外界能量的需求。有条件时，宜考虑余热的梯级利用。

5.0.7 本条是关于干化焚烧厂烟气净化系统的规定。烟气净化是污泥焚烧污染控制的关键，现行国家标准《生活垃圾焚烧污染控制标准》GB 18485 及现行上海市地方标准《生活垃圾焚烧大气污染物排放标准》DB 31/768 对污泥焚烧烟气排放作出了明确规定。

污泥焚烧烟气处理应采用两级除尘工艺，设置预除尘器将大部分飞灰捕集，再选用袋式除尘器对烟气除尘。袋式除尘器前应通过活性炭或多孔性吸附剂对重金属、二噁英等进行吸附。滤袋材质应具有防酸、防腐、防水汽凝结的特性。

与垃圾焚烧相比，虽然城镇污水处理厂污泥焚烧产生的二噁英较少，但干化焚烧厂的烟气净化系统也应充分考虑对二噁英的控制。二噁英的去除可采取下列有效措施实现：①严格控制炉膛内焚烧烟气和停留时间，确保污泥充分焚烧；②减少烟气在

200 ℃～350 ℃温度区的滞留时间；③在烟气中喷入活性炭或多孔性吸附剂，与烟气实现充分接触，并通过袋式除尘器对二噁英进行捕集，活性炭或多孔性吸附剂应兼有去除重金属功能。

5.0.8 本条是对灰渣处理系统的基本要求。其中，布袋除尘器捕集的飞灰需进行危险废物鉴定，并根据鉴定结果进行相应管理。

5.0.9 本条是对电气系统的基本要求。

5.0.10 本条是对仪表及自动化控制系统的基本要求。应结合经济和技术发展的状况合理确定干化焚烧厂的自动控制水平，为保证燃烧稳定性和烟气处理效果，提高余热利用效率，应具备较高的自动化控制水平。

5.0.11 本条是对直接接触介质的管道、容器等设备耐腐蚀要求，如污泥输送管道、污泥料仓等需采用耐腐蚀材料；对于焚烧炉炉体、余热锅炉、蒸汽输送管道、烟气管道等高温部件，则应敷设保温材料减少热量损失和对环境的散热。

6 辅助系统

6.0.1 本条是干化焚烧厂辅助系统的建设原则。其中，改、扩建工程应以扩大生产能力、提高装备水平、促进技术进步、提高经济效益为主，重点应是发挥现有设施的能力，并挖掘潜力。

6.0.2 干化焚烧厂生活用水从市政自来水管网接入，生产用水鼓励再生水的利用。

6.0.3 本条是对干化焚烧厂排水的要求。干化焚烧厂的排水分为两个部分，即雨水和污废水。污废水包括工艺生产废水和生活污水。污泥干化焚烧设施宜建设在污水处理厂内，有利于生产过程中产生的污废水的处理；若不建设在污水处理厂内，可将污废水通过管道输送至污水处理厂或建设污废水处理设施进行处理。

6.0.4 本条是关于干化焚烧厂消防设施的规定。消防设施的设置应依据现行国家标准《建筑设计防火规范》GB 50016 及《消防给水及消火栓系统技术规范》GB 50974 执行，建筑灭火器应按现行国家标准《建筑灭火器配置设计规范》GB 50140 配置。

6.0.5 本条是对干化焚烧厂通信的要求。干化焚烧厂通信设施应包括生产管理通信和生产调度通信，应保证各生产车间内的通信联系和对外通信的需要。

6.0.6 本条是对干化焚烧厂采暖通风与空调的要求。生产厂房、辅助及附属建筑物一般以自然通风为主。

6.0.7 本条是对干化焚烧厂除臭设施的要求，为保证干化焚烧厂运行环境良好，并降低对周边的影响，须设置除臭设施，臭气应优先抽送至焚烧炉中焚烧处理。

6.0.8 本条是对干化焚烧厂分析化验和环保监测设施的要求。

6.0.9 本条是对干化焚烧厂物料仓库的要求。

6.0.10 本条是对干化焚烧厂应急备用电源的要求。在全厂突然断电的情况下,为确保干化焚烧厂设备安全,应启动应急备用电源以给安全相关的设备供电(如锅炉给水泵)。

7 环境保护与劳动保护

7.0.1 本条是对干化焚烧厂环境保护的总体要求。现行国家标准《生活垃圾焚烧污染控制标准》GB 18485 对焚烧烟气排放、污废水处理、灰渣处理、噪声污染控制、恶臭污染控制等均作出了具体规定。现行上海市地方标准《生活垃圾焚烧大气污染物排放标准》DB 31/768 对焚烧烟气排放作出了具体规定。干化焚烧厂最终确定的各污染物排放标准应按照环境影响评价批复的限值执行。

7.0.2 本条规定了干化焚烧厂劳动保护的总体要求。

7.0.3 干化焚烧厂应该按照国家相关要求做好卫生防疫工作，并确保厂区总体运行环境。

7.0.4 本条对干化焚烧厂的特种设备提出要求，以确保运行安全。

7.0.5 本条规定了干化焚烧厂工业管道的基本识别色、识别符号和安全标识，防止误操作，以确保运行安全。

7.0.6 本条对干化焚烧厂的危化品、易燃易爆物品提出要求，以确保运行安全。

8 建设用地与建筑面积

8.0.1 本条是确定干化焚烧厂建设用地与建筑面积的原则。

8.0.2 本条规定了干化焚烧厂的建设用地指标。

干化焚烧厂建设用地指标与污泥干化焚烧处理规模、干化焚烧工艺、环保要求等有关。根据国内已建、在建干化焚烧厂的统计数据，建设用地指标存在较大的差异。部分干化焚烧厂考虑了今后的改扩建，用地指标超出一般干化焚烧厂的用地标准。国内部分干化焚烧厂的建设用地指标统计见表2。

表2 国内部分污泥干化焚烧厂建设用地指标统计表

序号	项目名称	建设规模(t/d)	项目类型	焚烧线条数	占地面积(m^2)	备注
1	白龙港污泥处理二期工程	2 430	Ⅰ类	6条	70 100	建于污水处理厂内，部分总图设施共用；初步设计
2	香港 T-PARK	2 000	Ⅰ类	4条	约70 000	调研数据
3	深圳上洋污泥干化焚烧工程	800	Ⅲ类	2条	27 950	初步设计
4	浦东新区污水厂污泥处理处置工程	800	Ⅲ类	2条	46 738	工程可行性研究报告
5	竹园污泥干化焚烧工程	750	Ⅲ类	2条	42 400	初步设计
6	石洞口污泥处理二期工程	640	Ⅲ类	3条	49 999	初步设计
7	成都第一污水厂污泥处理工程(一期)	400	Ⅳ类	2条	35 300	初步设计

续表2

序号	项目名称	建设规模(t/d)	项目类型	焚烧线条数	占地面积(m^2)	备注
8	北京顺义污泥处置工程	400	Ⅳ类	1条	23 594	初步设计
9	石洞口污泥处理完善工程	360	Ⅳ类	3条	41 200	初步设计
10	温州污泥干化焚烧项目	240	Ⅳ类	2条	13 334	初步设计
11	成都第一污水厂污泥处理工程(二期)	200	Ⅳ类	1条	23 000	初步设计

8.0.3 干化焚烧厂的管理用房、生活设施用房在满足使用功能的条件下，建筑面积应本着合理设置、节约投资的原则确定。生产管理用房应充分利用主厂房内面积。

表3为国内部分污泥干化焚烧厂生产管理与生活服务设施用房建筑面积调查表。本着合理设置、节约投资的原则，通过对生产管理用房与生活设施服务用房建筑面积进行合理的测算，确定了本附属建筑面积指标。

表3 国内部分污泥干化焚烧厂生产管理与生活服务设施用房建筑面积调查表

序号	项目名称	建设规模(t/d)	项目类型	生产管理与生活服务设施用房	备注
1	白龙港污泥处理二期工程	2 430	Ⅰ类	管理用房及机修车间2 058 m^2；生活服务设施用房合用白龙港污水处理厂的相关设施	初步设计
2	香港 T-PARK	2 000	Ⅰ类	生产管理用房、教育用房及参观通道等约10 000 m^2	调研数据

续表3

序号	项目名称	建设规模(t/d)	项目类型	生产管理与生活服务设施用房	备注
3	深圳上洋污泥干化焚烧工程	800	Ⅲ类	综合楼(含食堂)、中控室及辅助生产用房 4 213 m^2	初步设计
4	浦东新区污水厂污泥处理处置工程	800	Ⅲ类	综合楼 950 m^2	工程可行性研究报告
5	竹园污泥干化焚烧工程	750	Ⅲ类	综合楼 2 197 m^2,机修车间 350 m^2	初步设计
6	石洞口污泥处理二期工程	640	Ⅲ类	综合楼 2 192 m^2;机修车间及仓库 474 m^2	初步设计
7	成都第一污水厂污泥处理工程(一期)	400	Ⅳ类	无单独的生产管理设施和生活服务设施,与污水处理厂合建	初步设计
8	北京顺义污泥处置工程	400	Ⅳ类	综合楼 1 120 m^2	初步设计
9	石洞口污泥处理完善工程	360	Ⅳ类	无单独的生产管理设施和生活服务设施,与污水处理厂合建	初步设计
10	温州污泥干化焚烧项目	240	Ⅳ类	无单独的生产管理设施和生活服务设施,与污水处理厂合建	初步设计
11	成都第一污水厂污泥处理工程(二期)	200	Ⅳ类	无单独的生产管理设施和生活服务设施,与污水处理厂合建	初步设计

9 主要技术经济指标

9.0.1 本条规定编制和使用工程投资估算指标的原则，强调应按国家现行的有关规定编制。遇有地基特殊处理、国外贷款工程等情况，各项指标应结合具体情况调整使用。国内部分污泥干化焚烧厂主要技术经济指标的统计见表4。

表4 国内部分污泥干化焚烧厂主要技术经济指标统计表

序号	项目名称	建设规模(t/d)	项目类型	建设投资(万元)	投资形式	吨污泥投资(万元)	备注
1	白龙港污泥处理二期工程	2 430	Ⅰ类	338 916	市财政拨款	139	初步设计批复
2	香港 T-PARK	2 000	Ⅰ类	约600 000（港币）	政府投资	180	调研数据
3	深圳上洋污泥干化焚烧工程	800	Ⅲ类	57 555	市财政拨款	72	初步设计
4	浦东新区污水厂污泥处理处置工程	800	Ⅲ类	115 498	区财政拨款	144	工程可行性研究报告批复
5	竹园污泥干化焚烧工程	750	Ⅲ类	93 361	世行贷款	124	初步设计批复
6	石洞口污泥处理二期工程	640	Ⅲ类	108 766	市财政拨款	170	初步设计批复
7	成都第一污水厂污泥处理工程(一期)	400	Ⅳ类	36 200	企业投资	91	初步设计

续表4

序号	项目名称	建设规模(t/d)	项目类型	建设投资（万元）	投资形式	吨污泥投资（万元）	备注
8	北京顺义污泥处置工程	400	Ⅳ类	24 593	区财政拨款	61	初步设计
9	石洞口污泥处理完善工程	360	Ⅳ类	59 586	市财政拨款	166	初步设计概算调整
10	温州污泥干化焚烧项目	240	Ⅳ类	11 369	企业投资	47	初步设计
11	成都第一污水厂污泥处理工程(二期)	200	Ⅳ类	24 632	企业投资	123	初步设计

9.0.2 影响投资估算指标的因素除市场调控因素外，还与工艺方案的差异、生产线的条数、设备选用的水平、污染物控制标准的高低、材料价格的波动、建设周期的长短、外部条件等因素有关。

9.0.3 表 9.0.3 是根据干化焚烧厂的规模类型所提出的建设工期控制指标。由于建设工期与建设资金落实情况、施工条件等因素有关，因此，在确定干化焚烧厂建设工期时，应根据工程的实际条件合理确定，防止建设工期拖延，同时也要防止因工期制定不合理导致赶工从而影响工程质量的情况发生。